Mammifères capturés le long de la route de l'Alaska

Rollin H. Baker

Writat

Cette édition parue en 2023

ISBN : 9789359256191

Publié par
Writat
email : info@writat.com

NTRODUCTION

Des mammifères provenant de la route de l'Alaska ont été obtenus pour le Musée d'histoire naturelle de l'Université du Kansas au cours des étés 1947 et 1948 par MJR Alcorn, représentant sur le terrain du Musée. Lui et sa famille ont visité l'Alberta, la Colombie-Britannique, le territoire du Yukon et l'Alaska à bord d'une automobile et d'une remorque du 9 juin 1947 au 6 septembre 1947, puis de nouveau du 8 juin 1948 au 24 août 1948. En 1947, un nombre considérable de Alcorn a passé du temps en Alaska ; des voyages ont été effectués sur la Steese Highway jusqu'à Circle et sur la Glenn Highway jusqu'à Anchorage. En 1948, la majeure partie de la collecte a eu lieu en Colombie-Britannique et dans le territoire du Yukon, mais un détour a été effectué à Haines, en Alaska. Les stations de collecte sont représentées sur <u>la figure 1</u>. Les 1 252 spécimens d'Alcorn comprennent plusieurs grandes séries provenant de zones où peu ou pas de mammifères avaient été capturés auparavant. Le temps passé à chaque station de collecte était de courte durée (généralement moins de trois jours) et bien que 56 espèces et sous-espèces de mammifères soient représentées dans les collections, il est reconnu que toutes les espèces de mammifères n'ont pas été capturées dans une même localité.

Pour le prêt de matériel comparatif sur les mammifères, nos remerciements sont adressés aux responsables des institutions suivantes : California Academy of Sciences ; collection d'enquêtes biologiques du Musée national des États-Unis ; Musée provincial, Victoria, Colombie-Britannique; Musée national du Canada. La promptitude des fonctionnaires des commissions de chasse des provinces et territoires concernés à fournir des permis de collecte est également reconnue. Une partie des fonds destinés au travail sur le terrain a été mise à disposition grâce à une subvention de la Kansas University Endowment Association. Les altitudes au-dessus du niveau de la mer sont indiquées en pieds. Les termes de couleur en majuscules font référence à ceux de Ridgway, Color Standards and Color Nomenclature, Washington, DC, 1912.

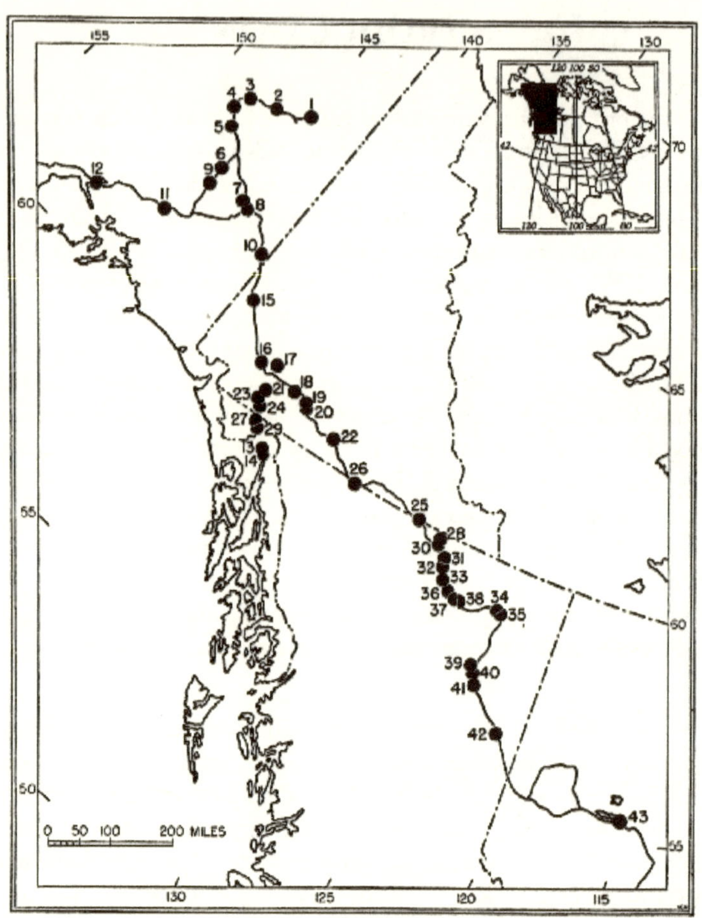

FIG. 1. Carte montrant les localités où JR Alcorn a collecté des mammifères en Alaska, dans
le Territoire du Yukon, en Colombie-Britannique et en Alberta, en 1947 et
1948.

COMPTES D'ESPÈCES

Sorex cinereus cinereus Kerr

Musaraigne cendrée

Sorex arcticus cinereus Kerr, Règne animal, p. 206, 1792. (Type de Fort Severn, Ontario, Canada.)

Sorex cinereus cinereus Jackson, Jour. Mamm ., 6h56, 9 février 1925.

Spécimens examinés. —Total 56, comme suit : *Alaska* : rivière Chatanika, 700 pieds, 14 milles. E et 25 km. N Fairbanks, 3 ans ; Côté N de la rivière Salcha , 600 pieds, 25 milles. S et 20 milles. E Fairbanks, 10 ans ; Ruisseau Yerrick , à 21 mi. W et 4 mi. Jonction N Tok, 2 ; Côté E, lac Deadman, 1 800 pieds, 15 milles. SE Northway, 1. *Territoire du Yukon* : 6 mi. SW Kluane, 2 550 pieds, 1 ; Ruisseau McIntyre, 2250 pieds, 3 mi. Nord-Ouest de Whitehorse, 2 ; Côté ouest de la rivière Lewes, 2150 pieds, 2 mi. S Whitehorse, 2 ans; Extrémité SW du lac Dezadeash , 4; 1½ milles. S et 3 mi. E Dalton Post, 2500 pieds, 10. *Colombie-Britannique* : Stonehouse Creek, 5½ mi. W jct. Ruisseau Stonehouse et rivière Kelsall, 9 ; Sources chaudes, à 3 km. WNW jct. rivières Trout et rivière Liard, 6 ; ¼ de mille. S jct. rivières Trout et rivière Liard, 4 ; 5 milles. W et 3 mi. N Fort St. John, 1. *Alberta* : rivière Assineau , 1920 pieds, 10 mi. E et 1 mi. N Kinuso , 1.

Remarques. — Les musaraignes de l'extrême nord-ouest de la Colombie-Britannique (ruisseau Stonehouse) sont en moyenne légèrement plus grandes que les musaraignes typiques du S. c. cinereus, surtout en termes de longueur de queue. Ces animaux présentent des signes évidents d'intergradation avec la plus grande sous-espèce, *S. c. streatori* , mais se réfèrent à *S. c. cinereus* . La pâleur de certaines musaraignes du centre-est de l'Alaska (rivière Chatanika et rivière Salcha) suggère une intergradation avec la pâle *S. c. Hollisteri* .

Alcorn a trouvé la musaraigne cendrée dans la plupart de ses stations de piégeage. Il a été capturé dans des pièges à souris appâtés avec des flocons d'avoine « mâchés » ; l'un d'entre eux a été capturé dans un piège appâté par une sauterelle. Rand (1944 : 35) et Alcorn ont tous deux trouvé que cette musaraigne était l'un des mammifères les plus communs le long de la route de l'Alaska, mais Alcorn n'a pas trouvé qu'elle était aussi abondante que certains des rongeurs dans les zones où il faisait du piégeage. La musaraigne cendrée était capturée principalement dans les forêts humides, les zones herbeuses et à proximité de l'eau. Une femelle capturée le 18 juillet était en lactation.

Sorex cinereus streatori Merriam

Musaraigne cendrée

Sorex personatus streatori Merriam, N. Amer. Faune, 10 h 62, 31 décembre 1895. (Type de Yakutat, Alaska.)

Sorex cinereus streatori Jackson, Jour. Mamm ., 6h56, 9 février 1925.

Spécimens examinés. — Total 19, comme suit : *Alaska* : côté est de la rivière Chilkat , 100 pieds, 9 milles. W et 4 mi. N Haines, 10 ans ; 1 mille. S Haines, 5 pieds, 9.

Remarques. — Les mesures externes moyennes et extrêmes des neuf spécimens adultes provenant de 1 mile au sud de Haines sont les suivantes : Longueur totale, 103 (98-105) ; queue, 45 (43-46) ; et longueur condylobasale , 16,2 (16,0-16,4). Les mesures correspondantes d'un spécimen adulte (n° 1676, UKMNH) de Sitka, en Alaska, sont 108, 47 et 16,5. Les mesures de dix spécimens adultes de la rivière Chilkat , à 9 milles à l'ouest et à 4 milles au nord de Haines, sont de 100 (91-106), 44 (40-50), 16,0 (15,5-16,5). La taille moyenne légèrement plus petite de ces derniers spécimens indique une tendance vers une taille plus petite de *S. c. cinereus* , qui se rencontre plus à l'intérieur des terres. Les crânes de certains spécimens de la rivière Chilkat ont un rostre plus mince que ceux des spécimens provenant de 1 mile au sud de Haines et ressemblent davantage à *S. c. cinereus* à cet égard. De toute évidence, comme l'indique Jackson (1928 : 54), *S. c. streatori* n'occupe qu'une bande extrêmement étroite de continent à proximité de Haines.

Sorex cinereus hollisteri Jackson

Musaraigne cendrée

Sorex cinereus hollisteri Jackson, Jour. Mamm ., 6 h 55, 9 février 1925. (Type de St. Michael, Alaska.)

Spécimens examinés. — Deux d' *Alaska* : 1 mi. Mouillage NE, 100 pieds.

Remarques. — Les deux spécimens de cette sous-espèce pâle ont été piégés, ainsi que six *Clethrionomys* et un *Mus* , dans une zone herbeuse bordée d'un côté par la route et de l'autre par une forêt d'épicéas. Le n° 21069, ♂?, pris le 21 août, est en mue, avec une tache de nouvelle fourrure sur la croupe et une autre le long de la ligne médiane de la nuque et des épaules.

Sorex obscurus obscurus Merriam

Musaraigne sombre

Sorex obscurus Merriam, N. Amer. Faune, 10 h 72, 31 décembre 1895. (Type provenant de près de Timber Creek, altitude 8 200 pieds, montagnes de Salmon River, maintenant montagnes Lemhi, à 10 milles à l'ouest de Junction, comté de Lemhi, Idaho.)

Spécimens examinés. —Total 12, comme suit : *Territoire du Yukon* : McIntyre Creek, 2250 pieds, 3 mi. Nord-Ouest de Whitehorse, 1 ; Extrémité SW du lac Dezadeash , 2; 1½ milles. S et 3 mi. E Dalton Post, 2500 pieds, 1. *Colombie-Britannique* : Stonehouse Creek, 5½ mi. W jct. Ruisseau Stonehouse et rivière Kelsall, 4 ; Côté ouest du mont Glave , 4 000 pieds, 14 mi. S et 2 mi. E Lac Kelsall, 1 ; Sources chaudes, à 3 km. WNW jct. Rivières Trout et rivière Liard, 1. *Alberta* : rivière Assineau , 1920 pieds, 10 mi. E et 1 mi. N Kinuso , 2.

Remarques. — Certaines des musaraignes capturées dans l'extrême sud-ouest du territoire du Yukon (1½ mille au sud et 3 milles à l'est de Dalton Post) et dans l'extrême nord-ouest de la Colombie-Britannique (Stonehouse Creek et Mt. Glave) montrent des signes d'intergradation avec la sous-espèce côtière, *S. o. alascensis* , en longueur du pied postérieur. Ces individus ont une longue patte postérieure (14 et 15) ; les pattes postérieures des spécimens des autres localités répertoriées mesurent 13 et 14.

Alcorn, comme Rand (1944 : 35), a trouvé que la musaraigne sombre était moins commune que la musaraigne cendrée ; les deux ont été capturés dans les mêmes lignes de piégeage. La musaraigne sombre a été capturée à une altitude plus élevée (4 000 pieds, sur le mont Glave) que la musaraigne cendrée.

Sorex obscurus shumaginensis Merriam

Musaraigne sombre

Sorex alascensis shumaginensis Merriam, Proc. Washington Acad. Sci., 2:18, 14 mars 1900. (Type de l'île Popof , îles Shumagin , Alaska.)

Sorex obscurus shumaginensis JA Allen, Bull. Amer. Mus. Nat. Hist, 16:228, 12 juillet 1902.

Spécimens examinés. — Total 3, comme suit : *Alaska* : 1 mi. NE Anchorage, 100 pieds, 1 ; Autoroute Glenn, à 10 km. WSW Lac Snowshoe, 2.

Remarques. — Ces trois musaraignes, en comparaison avec celles mentionnées dans *S. o. obscurus* , sont plus pâles et le crâne complet a une boîte crânienne légèrement plus haute. Tous les spécimens ont été obtenus dans des zones herbeuses adjacentes à la chaussée.

Sorex obscurus alascensis Merriam

Musaraigne sombre

Sorex obscurus alascensis Merriam, N. Amer. Faune, 10:76, 31 décembre 1895. (Type de Yakutat, Alaska.)

Spécimens examinés. — Total 22, comme suit : *Alaska* : côté est de la rivière Chilkat , 100 pieds, 9 milles. W et 4 mi. N Haines, 12 ans ; 1 mille. S Haines, 5 pieds, 10.

Sorex palustris navigateur (Baird)

Musaraigne d'eau

Navigateur Neosorex Baird, Report Pacific RR Survey, 8, pt. 1, Mammifères, p. 11, 1857. (Type provenant de près de la tête de la rivière Yakima, Cascade Mountains, Washington.)

Sorex (Neosorex) palustris navigateur Merriam, N. Amer. Faune, 10h92, 31 décembre 1895.

Spécimens examinés. — Total 20, comme suit : *Alaska* : côté est de la rivière Chilkat , 100 pieds, 9 milles. W et 4 mi. N Haines, 2. *Territoire du Yukon* : McIntyre Creek, 2250 pieds, 3 mi. Nord-Ouest de Whitehorse, 11 ; Extrémité SW du lac Dezadeash , 2; 1½ milles. S et 3 mi. E Dalton Post, 2500 pieds, 3. *Colombie-Britannique* : Stonehouse Creek, 5½ mi. W jct. Ruisseau Stonehouse et rivière Kelsall, 2.

Remarques. — Les mâles aux dents usées semblent avoir un rostre légèrement plus long et plus profond avec un crâne plus grand et plus gonflé que les spécimens de *S. p. navigateur* de Washington, mais à d'autres égards, il ressemble à un *S. p. navigateur* . Un mâle adulte, aux dents légèrement usées, du lac Dezadeash , présente des crêtes sagittales et lambdoïdales. Toutes les musaraignes aquatiques ont été capturées en juillet et début août et au bord de l'eau dans des casiers appâtés avec des flocons d'avoine. Aucune des femelles n'avait d'embryon.

Myotis lucifugus lucifugus (LeConte)

Petite chauve-souris brune

Vespertilio Lucifugus LeConte , McMurtrie's Cuvier, Règne Animal, vol. 1, annexe, p. 431, 1831. (Type de Géorgie ; probablement la plantation LeConte , près de Riceboro , comté de Liberty.)

Myotis lucifugus Miller, N. Amer. Faune, 13h59, 16 octobre 1897.

Spécimens examinés. — Trente-huit de *la Colombie-Britannique* : extrémité NE du lac Muncho .

Remarques. — Les 38 chauves-souris provenaient d'une colonie d'environ 75 individus, trouvée du côté sud d'une maison. Le papier était lâche et s'était plié à de nombreux endroits, laissant ainsi la place aux chauves-souris pour s'installer entre le papier et le mur extérieur.

Myotis lucifugus alascensis Miller

Petite chauve-souris brune

Myotis lucifugus alascensis Miller, N. Amer. Faune, 13:63, 16 octobre 1897. (Type de Sitka, Alaska.)

Spécimens examinés. — Un de *la Colombie-Britannique* : Screw Creek, 10 mi. S et 50 milles. E. Teslin.

Remarques. — Le spécimen est considérablement plus foncé au-dessus et au-dessous que l'un ou l'autre des deux spécimens de *M. l. alascensis* de Red Bluff Bay, Alaska. Alcorn a fouillé dix bâtiments à ossature dans un camp abandonné du côté est de Screw Creek, à la recherche de chauves-souris et n'a trouvé qu'une seule chauve-souris. C'était au-dessus de quelques crottes. Aucune déjection n'a été trouvée dans les autres bâtiments.

Ochotona collier (Nelson)

Pika à collier

Lagomys collier Nelson, Proc. Biol. Soc. Washington, 8 : 117, 21 décembre 1893. (Type provenant de près de la tête de la rivière Tanana, à environ 200 milles au sud de Fort Yukon, en Alaska.)

[*Ochotona*] *collier* Trouessart , Catal . Maman . vive . foss ., p. 648, 1897.

Spécimens examinés. — Total 14, comme suit : *Colombie-Britannique* : Stonehouse Creek, 5½ mi. W jct. Ruisseau Stonehouse et rivière Kelsall, 1 ; Côté ouest du mont Glave , 4 000 pieds, 14 mi. S et 2 mi. E Lac Kelsall, 13.

Remarques. — En comparant les spécimens obtenus par Alcorn avec les descriptions publiées d' *O. Collaris* dans Howell (1924 : 35), il est apparu qu'une variation géographique mesurable pourrait être présente chez cette espèce monotypique. En conséquence, des comparaisons ont été effectuées avec des documents de la collection Biological Surveys du US National Museum, du Provincial Museum de Victoria, en Colombie-Britannique, et du Musée national du Canada. Une comparaison de spécimens d' âges similaires a montré qu'aucune séparation sous-spécifique n'est justifiée, bien que les animaux du territoire du Yukon, de la Colombie-Britannique et des Territoires du Nord-Ouest, par rapport au matériel disponible en Alaska, aient tendance à être de couleur plus grise et plus longs en longueur avec un léger crâne plus grand et plus grande longueur alvéolaire de la rangée de dents molariformes dans les mâchoires supérieure et inférieure.

Les spécimens utilisés à des fins de comparaison provenaient des localités suivantes : *Alaska* : Mts. près d'Eagle (USBS), 15 ; 200 milles. S Fort Yukon (USBS), 2 ; Rivière Upper Little Delta, ruisseau Glacier, région du mont Hayes (USBS), 1 ; Glacier Creek, région du mont Hayes (USBS), 3 ; Rivière Little Delta, ruisseau Slate, camp du mont Red, région du mont Hayes (USBS), 1 ; Glacier Muldron , mont McKinley (USBS), 2 ; Mont McKinley (USBS), 3 ; Sommet des monts Chugach, sur la route Richardson, au nord de Valdez (USBS), 1 ; Glacier de la rivière Chitina (Mus. Nat. Canada), 3. *Territoire du Yukon* : Col McMillan, chemin Canol , mille 282 (Mus. Nat. Canada), 2; Rose River, chemin Canol , mille 95 (Mus. Nat. Canada), 8 ; Lac Tepee (Mus. Nat. Canada), 1; Conrad (Mus. Nat. Canada), 1; près du lac Teslin (Mus. Nat. Canada), 1. *Territoires du Nord-Ouest* : cours supérieur de la rivière Caracajou , chemin Canol , mile 111E (mus. Nat. Canada), 1. *Colombie-Britannique* : mont White, Moose Arm, lac Tagish, Atlin (Prov. Mus., Victoria, Colombie-Britannique), 2.

Lepus americanus macfarlani Merriam

Lièvre variable

Lepus americanus macfarlani Merriam, Proc. Washington Acad. Sci., 2:30, 14 mars 1900. (Type de Fort Anderson, près de l'embouchure de la rivière Anderson, Mackenzie, Canada.)

Spécimens examinés. — Total 3, comme suit : *Territoire du Yukon* : côté ouest de la rivière Lewes, 2 150 pieds, 2 milles. S Whitehorse, 1 ; 5 milles. Rivière Teslin ouest, 2 400 pieds, 16 mi. S et 53 milles. E Whitehorse, 1. *Colombie-Britannique* : 14 mi. N Fort Halkett , côté ouest de la rivière Smith, 1.

Remarques. — Alcorn rapporte avoir vu peu de lièvres lors de ses deux voyages en Alaska. Près de la rivière Miniker , un géologue lui dit que le nombre de ces animaux n'a cessé de diminuer depuis 1943. L'un des trois aperçus dans une forêt d'épinettes le 8 juillet 1947, près de Whitehorse, a été capturé par Alcorn. Un jeune a été capturé dans un piège à rats dans un immeuble près de la rivière Teslin le 5 juillet de la même année.

Tamiasciure hudsonicus columbiens AH Howell

Écureuil roux

Tamiasciure hudsonicus columbiensis AH Howell, Proc. Biol. Soc. Washington, 49:135, 22 août 1936. (Type provenant de Raspberry Creek, à environ 30 milles au sud-est de Telegraph Creek, dans le nord de la Colombie-Britannique.)

Spécimens examinés. — Total 18, comme suit : *Territoire du Yukon* : McIntyre Creek, 2250 pieds, 3 mi. Nord-Ouest de Whitehorse, 1 ; Côté ouest de la rivière Lewes, 2150 pieds, 2 mi. SO Whitehorse, 1 ; 2 milles. Rivière Teslin ouest, 2 400 pieds, 16 mi. E Whitehorse, 1. *Colombie-Britannique* : 1 mi. Jct. NO. Ruisseau Irons et rivière Liard, 1 ; ¼ de mille. S jct. rivières Trout et rivière Liard, 3 ; Côté S de la rivière Toad, à 16 km. S et 21 mi. E Lac Muncho , 3 ; Summit Pass, 4200 pieds, 10 mi. S et 70 milles. W Fort Nelson, 8.

Remarques. — Rand (1944 : 42) a éprouvé des difficultés à attribuer des noms de sous-espèces aux écureuils roux capturés le long de la route de l'Alaska, dans le nord de la Colombie-Britannique. Une certaine variabilité constatée par Rand est notée chez les adultes capturés par Alcorn dans cette zone. Tous les spécimens attribués à *T. h. columbiensis* a une queue plus foncée et des pattes plus fauves que *T. h. preblei* . La moyenne des crânes d'adultes est plus petite que le crâne d'un adulte de *T. h. preblei* de Yerrick Creek, en Alaska.

Alcorn a obtenu la plupart des écureuils dans des pièges à rats et des pièges en acier, en utilisant des flocons d'avoine « mâchés » ainsi que des morceaux de corps de poisson et de souris comme appât.

Tamiasciure hudsonicus pétulans (Osgood)

Écureuil roux

Sciurus hudsonicus pétulans Osgood, N. Amer. Faune, 19 : 27, 6 octobre 1900. (Type de Glacier, White Pass, Alaska.)

T[amiasciurus]. hudsonicus pétulans AH Howell, Proc. Biol. Soc. Washington, 49 : 136, 22 août 1936.

Spécimens examinés. — Total 7, comme suit : *Alaska* : 1 mi. S Haines, 5 pieds, 2. *Territoire du Yukon* : extrémité sud-ouest du lac Dezadeash , 1 ; 1½ milles. E Rivière Tatshenshini , 1½ mille. S et 3 mi. E. Dalton Post, 4.

Remarques. — Les spécimens de l'extrême sud-ouest du territoire du Yukon semblent appartenir à cette sous-espèce. La seule femelle adulte (crâne seulement, avec mensurations) de l'extrémité sud-ouest du lac

Dezadeash a un crâne plus court que n'importe quelle femelle adulte de *T. h. colombiensis* . Aucune peau d'adulte n'est dans la série, mais les peaux de trois subadultes ont des parties supérieures plus foncées, une queue plus foncée et des côtés moins olivacés que celles de *T. h. colombiensis* .

Tamiasciure hudsonicus preblei AH Howell

Écureuil roux

Tamiasciure hudsonicus preblei AH Howell, Proc. Biol. Soc. Washington, 49 : 133, 22 août 1936. (Type de Fort Simpson, district de Mackenzie, Territoires du Nord-Ouest.)

Spécimens examinés. — Total 3, comme suit : *Alaska* : rivière Chatanika, 700 pieds, 14 milles. E et 25 km. N Fairbanks, 1 ; Côté N de la rivière Salcha , 600 pieds, 25 milles. S et 20 milles. E Fairbanks, 1 ; Ruisseau Yerrick , à 21 mi. W et 4 mi. Jonction N Tok, 1.

Remarques. — En comparaison avec des spécimens de *T. h. hudsonicus* du lac Iskwasum , district de Pas, Manitoba, l'écureuil du ruisseau Yerrick , une femelle adulte, est plus gros et plus pâle sur les parties supérieures et la queue.

L'écureuil capturé à Yerrick Creek a été capturé dans un piège à rats ; Alcorn a trouvé que ces animaux étaient « assez communs » dans cette région. Il n'a obtenu aucune preuve que les indigènes les utilisent pour se nourrir.

Marmota monax ochracea Swarth

Marmotte des bois

Marmota ochracea Swarth, Univ. Édition californienne. Zoöl ., 7:203, 18 février 1911. (Type de Forty-mile Creek, Alaska.)

Marmota monax ochracea AH Howell, N. Amer. Faune, 37:34, 7 avril 1915.

Spécimens examinés. — Total 3, comme suit : *Colombie-Britannique* : Hot Springs, 3 mi. WNW jct. rivières Trout et rivière Liard, 1 ; ¼ de mille. S jct. Rivières Trout et Liard, 2.

Citellus parryii Plesius (Osgood)

Écureuil terrestre de parade

Spermophilie empetra plesius Osgood, N. Amer. Fauna, 19:29, 6 octobre 1900. (Type de Bennett City, tête du lac Bennett, Colombie-Britannique.)

Citellus paryii plesius AH Howell, N. Amer. Faune, 56:97, 18 mai 1938.

Spécimens examinés. —Total 42, comme suit : *Alaska* : Richardson Highway, 2000 pieds, 32 mi. S et 4 mi. W Big Delta, 5. *Territoire du Yukon* : 6 mi. SW Kluane, 2 550 pieds, 1 ; Ruisseau McIntyre, 2250 pieds, 3 mi. Nord-Ouest de Whitehorse, 1 ; 2 milles. NNW Whitehorse, 2 100 pieds, 1 ; 1 mille. NE Whitehorse, 1 ; ½ mille. W Whitehorse, 2 150 pieds, 1 ; Extrémité SW du lac Dezadeash , 1; 2 milles. Rivière Teslin ouest, 2 400 pieds, 16 mi. S et 56 milles. E Whitehorse, 7 ans; 1½ milles. E Rivière Tatshenshini , 1½ mi. S et 3 mi. E Dalton Post, 3. *Colombie-Britannique* : Stonehouse Creek, 5½ mi. W jct. Ruisseau Stonehouse et rivière Kelsall, 14 ; Côté ouest du mont Glave , 4 000 pieds, 14 mi. S et 2 mi. E Lac Kelsall, 7.

Remarques. — Les spécimens varient beaucoup en couleur ; la plupart des variations de couleur sont le résultat de l'usure et de la décoloration. En termes de coloration pâle, les spécimens capturés le 16 août le long de la Richardson Highway, à 32 milles au sud et à 4 milles à l'ouest de Big Delta, en Alaska, montrent une certaine ressemblance avec *C. p. ablusus* , qui se trouve vers l'ouest, bien que dans d'autres caractères diagnostiques, ces spécimens soient généralement *C. p. plesius* .

Des spécimens aux premiers stades de mue ont été prélevés les 3, 4 et 14 juillet ; un autre spécimen à un stade avancé de mue a été obtenu le 10 juillet. Un individu mélanique a été capturé à un mille au nord-est de Whitehorse le 11 juillet.

Alcorn a trouvé ces écureuils terrestres abondants localement, en particulier à proximité de Whitehorse, dans le territoire du Yukon. Une population importante a été observée le long de la route à l'ouest de la rivière Teslin; des animaux ont été aperçus sur plusieurs kilomètres le long de la route, principalement dans des forêts ouvertes de conifères où il y avait peu ou pas de sous-bois. Alcorn a capturé plusieurs animaux près de la décharge municipale de Whitehorse. Le long de la Richardson Highway, il a observé ces écureuils terrestres presque continuellement sur environ dix milles. Il commente que les animaux semblaient être plus nombreux dans les zones dégagées par l'homme le long de l'autoroute que dans « les zones non inquiétées plus éloignées de l'autoroute ». Les spécimens ont été prélevés avec un pistolet collecteur et dans des pièges à rats appâtés avec des flocons d'avoine « mâchés ».

Eutamies minimus boréal (JA Allen)

Petit tamia

Tamias asiaticus borealis JA Allen, Monogr . N.Amer. Rodentia, p. 793, août 1877. (Type de Fort Liard, Mackenzie, Canada.)

Eutamies minimus borealis AH Howell, Jour. Mamm ., 3:183, 4 août 1922.

Spécimens examinés. — Total 10, comme suit : *Colombie-Britannique* : côté nord de la rivière Muskwa, 1 200 pieds, 4 milles. W Fort Nelson, 1 ; Côté E de la rivière Minaker, à 1 mi. W Trutch , 5 ; Rivière Beatton , à 185 km. S Fort Nelson, 1 ; 5 milles. W. et 3 mi. N Fort St. John, 1. *Alberta* : rivière Assineau , 1920 pieds, 10 mi. E et 1 mi. N Kinuso , 2.

Remarques. — Les spécimens au pelage usé sont visiblement plus pâles et plus gris que ceux au pelage frais. Des tamias aux premiers stades de mue avec un pelage frais s'étendant en arrière jusqu'au milieu de la partie dorsale du dos ont été capturés les 19, 20 et 22 juin ; d'autres en pelage frais dessus, à l'exception de l'arrière-train, ont été capturés le 15 juin et le 2 septembre.

Alcorn n'a trouvé cette espèce nulle part en abondance ; par exemple, dans 187 pièges spéciaux de musée installés près du lac Charlie, à 5 milles à l'ouest et à 3 milles au nord de Fort St. John, en Colombie-Britannique, il n'a capturé qu'un seul tamia.

Eutamies minime caniceps Osgood

Petit tamia

Eutamies caniceps Osgood, N. Amer. Faune, 19:28, 6 octobre 1900. (Type du lac Lebarge , territoire du Yukon.)

Eutamies minime caniceps AH Howell, Jour. Mamm ., 3:184, 4 août 1922.

Spécimens examinés. —Total 36, comme suit : *Territoire du Yukon* : 6 mi. SW Kluane, 2 550 pieds, 2; Ruisseau McIntyre, 2250 pieds, 3 mi. Nord-Ouest de Whitehorse, 3 ; 2 milles. NNW Whitehorse, 2 100 pieds, 1 ; Côté ouest de la rivière Lewes, 2150 pieds, 2 mi. S Whitehorse, 1 ; Extrémité SW du lac Dezadeash , 10 ; 5 milles. Rivière Teslin ouest, 2 400 pieds, 16 mi. S et 53 milles. E Whitehorse, 1 ; Côté ouest de la rivière Teslin, à 16 mi. S et 58 milles. E Whitehorse, 2 ; 1½ milles. S et 3 mi. E Dalton Post, 2500 pieds, 5. *Colombie-Britannique* : 1 mi. Jct. NO. Ruisseau Irons et rivière Liard, 2 ; Côté

S de la rivière Toad, à 16 km. S et 21 mi. E Lac Muncho , 6 ; Summit Pass, 4200 pieds, 10 mi. S et 70 milles. W Fort Nelson, 3.

Remarques. — Certains des spécimens capturés entre Summit Pass et Toad River montrent des signes d'intergradation entre l' *E. m. caniceps* et le *E. m. boréale* . Rand (1944 : 41) a également trouvé des preuves d'intergradation entre ces deux sous-espèces dans cette zone.

Le long de la route, Alcorn a découvert que cette espèce était un peu plus abondante dans le territoire du Yukon qu'en Colombie-Britannique. Il trouvait souvent les animaux occupant des camps routiers abandonnés ; ils étaient apparemment plus nombreux dans ces zones que dans un habitat naturel non perturbé.

Glaucomys sabrinus zaphaeus (Osgood)

Écureuil volant

Sciuroptère alpinus zaphaeus Osgood, Proc. Biol. Soc. Washington, 18 : 133, 18 avril 1905. (Type de Helm Bay, péninsule de Cleveland, sud-est de l'Alaska.)

Glaucomys sabrinus zaphaeus AH Howell, N. Amer. Faune, 44:43, 13 juin 1918.

Spécimens examinés. — Un du *Territoire du Yukon* : 1½ mi. S et 3 mi. E Poste Dalton, 2500 pieds.

Remarques. — Bien qu'aucun matériel comparatif ne soit disponible au moment d'écrire ces lignes, les descriptions dans la littérature indiquent que cette femelle adulte unique appartient à la forme côtière, *G. s. zaphaeus* . Tant en couleur qu'en mesures crâniennes et externes, ce spécimen semble être étroitement conforme aux descriptions données par Howell (1918 : 43) et par Cowan (1937 : 78 et 82), bien que ses mesures soient également dans la gamme de celles données pour *G. .s. alpinus* par Cowan (*loc. cit.*). Il convient de souligner que Swarth (1936 : 402) considérait un spécimen provenant de 15 milles au sud d' Atlin , en Colombie-Britannique, comme étant *G. s. alpinus* .

Les mesures du spécimen d'Alcorn sont les suivantes : longueur totale, 331 ; queue, 143 ; patte arrière, 42 ; oreille de l'encoche, 23 ; plus grande longueur de crâne , 41,7 ; largeur zygomatique, 25,7 ; largeur mastoïde, 21,7 ; longueur des nasales, 12,2 ; longueur de la rangée de dents maxillaires, 8,2 ; constriction interorbitale, 8,2 ; et constriction post-orbitaire, 9,0.

Castor canadensis sagittatus Benson

Castor

Castor canadensis sagittatus Benson, Jour. Mamm ., 14:320, 13 novembre 1933. (Type tiré du ruisseau Indianpoint , 3 200 pieds, 16 milles au nord-est de Barkerville, Colombie-Britannique.)

Spécimens examinés. — Deux de *la Colombie-Britannique* : Fort Halkett , côté nord de la rivière Liard.

Remarques. — Deux crânes de castor obtenus par Alcorn auprès du trappeur Johnny Pie semblent appartenir à cette sous-espèce. Anderson (1947 : 133) a signalé cette sous-espèce dans la rivière Liard, dans la région où ces spécimens ont été prélevés. Le trappeur a déclaré à Alcorn qu'il avait abattu ces deux castors au cours de l'hiver 1947-48 et qu'il avait accroché les crânes à un arbre.

Peromyscus maniculatus algidus Osgood

Souris à pattes blanches

Peromyscus maniculatus algidus Osgood, N. Amer. Fauna, n° 28:56, 17 avril 1909. (Type tiré de la tête du lac Bennett, site de l'ancienne ville de Bennett, Colombie-Britannique.)

Spécimens examinés. —Total 93, comme suit : *Alaska* : côté est de la rivière Chilkat , 100 pieds, 9 milles. W et 4 mi. N Haines, 20 ans ; 1 mille. W Haines, 5 pieds, 7. *Territoire du Yukon* : 6 mi. SW Kluane, 2 550 pieds, 10 ; Ruisseau McIntyre, 2250 pieds, 3 mi. Nord-Ouest de Whitehorse, 6 ; 2 milles. NNW Whitehorse, 2 100 pieds, 2 ; Côté ouest de la rivière Lewes, 2150 pieds, 2 mi. S Whitehorse, 16 ans; Extrémité SW du lac Dezadeash , 9 ; 1½ milles. S et 3 mi. E Dalton Post, 15. *Colombie-Britannique* : Stonehouse Creek, 5½ mi. W jct. Ruisseau Stonehouse et rivière Kelsall, 8.

Remarques. —Les spécimens provenant des localités énumérées ci-dessus se trouvent dans l'aire de répartition géographique de *P. m. algidus* comme indiqué par Anderson (1947 : 136). Les spécimens provenant des environs de Haines, en Alaska, sont légèrement plus foncés, indiquant une intergradation avec *P. m. hylée* ; Osgood (1909a : 54 et 56) a également noté que l'intergradation entre *P. m. algidus* et *P. m. hylaeus* est présent dans cette zone.

Peromyscus maniculatus boréale Mearns

Souris à pattes blanches

Peromyscus maniculatus borealis Mearns, Proc. Biol. Soc. Washington, 24 : 102, 15 mai 1911. Nom de remplacement de *P. m. arctique* Mearns. (Type de Fort Simpson, Mackenzie, Canada.)

Spécimens examinés. —Total 214, comme suit : *Territoire du Yukon* : 2 mi. Rivière Teslin ouest, 2 400 pieds, 16 mi. S et 56 milles. E Whitehorse, 8 ans; Côté ouest de la rivière Teslin, 2 300 pieds, 16 mi. S et 58 milles. E. Whitehorse, 24 ans; Côté E de la rivière Teslin, 2 300 pieds, 16 milles. S et 59 milles. E Whitehorse, 7. *Colombie-Britannique* : 1 mi. Jct. NO. Ruisseau Irons et rivière Liard, 10 ; Sources chaudes, à 3 km. WNW jct. rivières Trout et rivière Liard, 6 ; Côté N de la rivière Liard, ½ mi. W jct. rivières Trout et rivière Liard, 13 ; ¼ de mille. S jct. rivières Trout et rivière Liard, 20 ; extrémité SE du lac Muncho , 5 ; Côté S de la rivière Toad, à 16 km. S et 21 mi. E Lac Muncho , 45 ; Côté N de la rivière Muskwa, 1 200 pieds, 4 mi. W Fort Nelson, 9 ; Rivière North Fork Tetsa , 3900 pieds, 4 mi. Pass Sommet ENE, 13 ; Summit Pass, 4200 pieds, 10 mi. S et 70 milles. W Fort Nelson, 17 ans ; Côté E de la rivière Minaker, à 1 mi. W Trutch , 18 ans ; Rivière Beatton , à 185 km. S Fort Nelson, 2 ; 5 milles. W et 3 mi. N Fort St. John, 7. *Alberta* : rivière Assineau , 1920 pieds, 10 mi. E et 1 mi. N Kinuso , 10.

Remarques. — Les spécimens provenant de 2 milles à l'ouest de la rivière Teslin ressemblent à *P. m. borealis* plus que *P. m. algidus* à la fois par la taille du crâne et par la couleur, même si j'ai du mal à distinguer les spécimens par leur couleur.

Alcorn, comme Rand (1945 : 43), a trouvé la souris dans presque tous les habitats le long de la route de l'Alaska. Sur la rive est de la rivière Minaker, à un mile à l'ouest de Trutch , Alcorn a capturé 26 *Peromyscus* et quatre *Microtus* dans 70 pièges spéciaux de musée appâtés avec des flocons d'avoine mâchés, installés dans une zone herbeuse où se trouvaient des bouleaux et des touffes de saules. *Peromyscus* était généralement abondant dans les anciens camps de construction le long de la route ; le 27 juillet, dans 50 pièges installés sous des bâtiments abandonnés à Summit Pass, Alcorn a capturé 21 *Peromyscus* . Apparemment, comme le note Swarth (1936 : 402), la souris à pattes blanches s'installe dans de tels bâtiments et les populations locales augmentent probablement en raison de l'environnement artificiel qui offre des conditions d'existence favorables.

Neotoma cinerea drummondii (Richardson)

Rat des bois à queue touffue

Myoxus drummondii Richardson, Zool. Jour., 3:517, 1828. (Type probablement provenant de près de Jasper House, Alberta, Canada.)

Neotoma cinerea drummondii Merriam, Proc. Biol. Soc. Washington, 7 h 25, 13 avril 1892.

Spécimens examinés. — Total 4, comme suit : *Colombie-Britannique* : Summit Pass, 4 500 pieds, 10 milles. S et 70 milles. à l'ouest de Fort Nelson, 1 ; 5 milles. W et 3 mi. N Fort St. John, 3. -

Remarques. — Des rats des bois ont été obtenus à seulement deux endroits, les notes de terrain d'Alcorn indiquant que les animaux étaient rares et inégaux dans leur répartition. Rand (1944 : 44) commente que les rats étaient « rares au nord de Lower Liard Crossing ».

Aux deux endroits où des spécimens ont été prélevés, Alcorn a d'abord noté leurs excréments caractéristiques. À Summit Pass, des excréments ont été trouvés dans un éboulement rocheux à la limite supérieure de la limite forestière; un rat a été capturé. À la station de piégeage située à cinq milles à l'ouest et à trois milles au nord de Fort St. John, des excréments ont été trouvés dans et sous un vieux bâtiment abandonné; quatre jeunes (deux préparés) et un adulte ont été obtenus.

Synaptomys borealis dalli Merriam

Lemming des tourbières du Nord

Synaptomys (Mictomys) dalli Merriam, Proc. Biol. Soc. Washington, 10 h 62, 19 mars 1896. (Type de Nulato, Alaska.)

Synaptomys borealis dalli AB Howell, N. Amer. Faune, 50:24, (30 juin) 5 août 1927.

Spécimens examinés. — Total 6, comme suit : *Alaska* : côté E du lac Deadman, 1 800 pieds, 15 milles. SE Northway, 1. *Territoire du Yukon* : McIntyre Creek, 2250 pieds, 3 mi. Nord-Ouest de Whitehorse, 5.

Remarques. — Le lemming des tourbières du nord n'est évidemment pas généralement réparti le long de la route de l'Alaska, mais il peut être localement nombreux dans les couvertures d'herbes et de carex, en particulier dans les habitats de marais et de tourbières. Cinq spécimens ont été obtenus dans une zone herbeuse de 30 pieds de large sur 60 pieds de long, située à environ 50 pieds du ruisseau McIntyre, dans le territoire du Yukon. Dans 22 pièges à souris installés la première nuit dans cette localité, trois *Synaptomys* , six *Microtus* et un *Sorex* ont été capturés. Un *Synaptomys supplémentaire* a été pris chacune des deux nuits suivantes dans la même zone. Au lac Deadman, en Alaska, un *Synaptomys* a été capturé dans un carex épais bordant un petit étang.

Clethrionomys rutilus dawsoni (Merriam)

Souris à dos rouge Dawson

Évotomys dawsoni Merriam, Amer. Nat., 22:650, juillet 1888. (Type de la rivière Finlayson, une source nord de la rivière Liard, latitude 61° 30' N, longueur. 129° 30' O, Yukon, Canada.)

Clethrionomys rutilus dawsoni Rausch, Jour. Washington Acad. Sci., 40:135, 21 avril 1950.

Spécimens examinés. —Total 126, comme suit : *Alaska* : rivière Chatanika, 700 pieds, 14 milles. E et 25 km. N Fairbanks, 17 ans ; 1 mille. SW Fairbanks, 440 pieds, 1 ; Côté N de la rivière Salcha , 600 pieds, 25 milles. S et 20 milles. E Fairbanks, 15 ans ; 25 milles. S et 20 milles. E Fairbanks, 3 ; Ruisseau Yerrick , à 21 mi. W et 4 mi. Jonction N Tok, 32 ; Jonction Tok, 1 600 pieds, 1 ; Côté E, lac Deadman, 1 800 pieds, 15 milles. SE Northway, 9 ; 1 mille. NE Anchorage, 100 pieds, 9 ; Autoroute Glenn, à 10 km. WSW Lac Snowshoe, 1; Côté E de la rivière Chilkat , 100 pieds, 9 mi. W et 4 mi. N Haines, 2 ans ; 1 mille. S Haines, 5 pieds, 2. *Territoire du Yukon HYPERLINK "https://gutenberg.org/files/33915/33915-h/33915-h.htm" \l "typos"* : Jct. Ruisseau Grafe et ruisseau Edith, 2 ; 6 milles. SW Kluane, 2250 pieds, 4; 2

milles. NNW Whitehorse, 2 100 pieds, 2 ; Côté ouest de la rivière Lewes, 2150 pieds, 2 mi. S Whitehorse, 6 ans; Extrémité SW du lac Desadeash , 15. *Colombie-Britannique* : Stonehouse Creek, 5½ mi. W jct. Ruisseau Stonehouse et rivière Kelsall, 1 ; Côté S de la rivière Toad, à 16 km. S et 21 mi. E Lac Muncho , 2 ; Summit Pass, 4 500 pieds, 10 mi. S et 70 milles. W Fort Nelson, 2.

Remarques. — Les spécimens provenant d'un mile au nord-est d'Anchorage montrent peu de tendance vers *C. r. orque* de la région de Prince William Sound (voir Orr, 1945 : 73). Un spécimen de cette localité est légèrement plus foncé que les autres.

Les souris à dos roux étaient nombreuses dans la plupart des localités où Alcorn piégé. Un certain nombre de spécimens ont été capturés à proximité et à l'intérieur de camps routiers abandonnés, où la végétation de seconde venue était classée. Comme dans le cas de *C. gapperi* , il a trouvé *C. rutilus* dans des habitats variés.

Cléthrionomys gappéri athabascae (Preble)

Souris à dos rouge

Évotomys gappéri athabascae Preble, N. Amer. Fauna, 27:178, 26 octobre 1908. (Type de Fort Smith, Slave Lake, district de Mackenzie, Territoires du Nord-Ouest, Canada.)

Cléthrionomys gappéri athabascae Harper, Jour. Mamm ., 13h28, 9 février 1932.

Spécimens examinés. — Total 14, comme suit : *Colombie-Britannique* : côté nord de la rivière Muska , 1 200 pieds, 4 milles. W Fort Nelson, 1 ; Côté E de la rivière Minaker, à 1 mi. W Trutch , 3 ; 5 milles. W et 3 mi. N Fort St. John, 4. *Alberta* : rivière Assineau , 1920 pieds, 10 mi. E et 1 mi. N Kinuso , 6.

Remarques. — Ces souris à dos roux ont été capturées dans divers habitats : zones herbeuses dans des forêts de trembles et de peupliers, forêts denses d'épicéas sans sous-bois à l'exception des lichens et des mousses, sous-bois épais dans les plaines inondables des rivières et sur le site d'une ancienne scierie. La répartition nord-ouest de cette espèce le long de la route de l'Alaska, découverte par Alcorn, est à peu près la même que celle découverte par Rand (1944 : 44).

Ondatra zibethicus spatule (Osgood)

Rat musqué

Spatule à fibres Osgood, N. Amer. Faune, 19:36, 6 octobre 1900. (Type de Lake Marsh, Yukon, Canada.)

Ondatra zibethica spatulata Miller, N. Amer. Terre <u>Mamm</u> . 1911, p. 231, 31 décembre 1912.

Spécimens examinés. — Total 2, comme suit : *Alaska* : côté nord de la rivière Salcha , 600 pieds, 25 milles. S et 20 milles. E Fairbanks, 1 ; Côté E, lac Deadman, 1 800 pieds, 15 milles. NE Northway, 1.

Remarques. — Un rat musqué a été abattu dans un vieil étang à castors du côté nord de la rivière Salcha . Un crâne provenant d'une carcasse laissée par un trappeur l'hiver précédent a été obtenu au lac Deadman.

Phenacomys intermedius mackenzii Preble

Souris lemming

Phénacomys mackenzii Preble, Proc. Biol. Soc. Washington, 15:182, 6 août 1902. (Type de Fort Smith, Slave River, Mackenzie, Canada.)

Phenacomys intermedius mackenzii Crowe, Bull. Amer. Mus. Nat. Hist, 80 : 403, 4 février 1943.

Spécimen examiné. — Un du *Territoire du Yukon* : extrémité SE du lac Dezadeash .

Remarques. — Un subadulte capturé à seulement quelques kilomètres de la frontière de l'Alaska, dans le territoire du Yukon, constitue une extension de l'aire de répartition connue de cette espèce vers le nord-ouest. La souris est évidemment rare ou irrégulière dans sa répartition puisque Alcorn a effectué un piégeage considérable dans la zone d'où une seule a été capturée.

Microtus pennsylvanicus

Souris des prés de Pennsylvanie

La souris des prés de Pennsylvanie est un mammifère abondant le long de la route de l'Alaska. Alcorn a obtenu des spécimens dans la plupart de ses stations de piégeage, fréquemment en compagnie de *Microtus oeconomus* dans les localités les plus au nord. Un habitat préféré était les zones herbeuses et les touffes de saules le long des ruisseaux ou au bord des lacs. Les meilleures captures ont été réalisées le long des pistes très fréquentées, en particulier là où se trouvaient des tas d'herbe coupée. Ces pistes étaient également utilisées par *Clethrionomys* et d'autres petits animaux. Des spécimens de *M. pennsylvanicus* étaient fréquemment prélevés pendant la journée ; l'une d'entre elles a été prise le 29 juin alors qu'elle nageait au bord d'un petit lac près de la jonction de la rivière Liard et du ruisseau Irons, en Colombie-Britannique.

Faute de matériel comparatif suffisant dans le passé, la plupart des chercheurs ont considéré que *M. pennsylvanicus* est présent sans variation géographique appréciable dans la majeure partie du nord-ouest du Canada et en Alaska, où il a été référé à la sous-espèce *M. p. drummondii* . Dale (1940), en étudiant les collections réalisées en Colombie-Britannique et dans le sud-est de l'Alaska, a trouvé des preuves de variations géographiques et a reconnu deux nouvelles sous-espèces ; ainsi , il a non seulement souligné des caractères géographiquement variables, mais a réduit la taille de l'aire de répartition attribuée à *M. p. drummondii* . Un travail ultérieur de Rand (1943) considérait les populations du nord-ouest de *M. pennsylvanicus* comme étant trop variables pour présenter des groupements distinctifs. La vaste collection réalisée par Alcorn offre la preuve de la présence d'autres sous-espèces séparables aux caractères constants. L'étude de ce matériel indique la présence de deux sous-espèces sans nom, nommées et décrites comme suit :

Microtus pennsylvanicus alcorni nouvelle sous-espèce

Taper. — Femelle, adulte, peau avec crâne, n° 21552, Univ. Kansas, Mus. Nat. Hist., 6 mi. SW Kluane, 2550 pieds d'altitude, Territoire du Yukon, Canada ; 24 août 1947 ; obtenu par JR Alcorn ; numéro original 5240.

Gamme. — Extrême sud-ouest du territoire du Yukon et parties adjacentes de l'Alaska jusqu'au sud jusqu'à Haines, au nord jusqu'à Northway et aussi loin à l'ouest le long de la côte de l'Alaska jusqu'à Anchorage et Tyonek.

Diagnostic. —Taille grande (voir mesures) ; couleur des parties supérieures près de (*l*) Brun de Bruxelles ; crâne sensiblement strié ; arcs zygomatiques lourds, arrondis et relativement courts ; tribune lourde ; bulles auditives peu développées ; dents maxillaires relativement lourdes et à couronne basse.

Comparaisons. — De *M. p. drummondii* (spécimens provenant des environs de Whitehorse, Yukon, Trutch , Colombie-Britannique et Kinuso , Alberta), *M. p. alcorni* diffère comme suit : en moyenne plus grande dans toutes les mesures prises, à l'exception des longueurs de la queue et de la patte arrière, qui sont les mêmes ; couleur des parties supérieures légèrement plus pâle et plus grise et moins brune ; parties inférieures plus pâles; arcs zygomatiques plus lourds, plus ronds et plus courts ; crâne proportionnellement plus massif, sauf les bulles auditives qui sont moins gonflées ; dents maxillaires plus lourdes et à couronne inférieure.

De *M. p. rubidus* (spécimens d' Atlin , Colombie-Britannique), *M. p. alcorni* diffère comme suit : en moyenne plus grande dans toutes les mesures crâniennes prises, à l'exception de la longueur de la rangée de dents maxillaires qui est la même ; couleur des parties supérieures plus grise et moins brune ; parties inférieures plus foncées; crâne plus long avec des nasaux plus longs et des arcs zygomatiques plus lourds ; crâne de l'adulte plus fortement strié.

De *M. p. amiraltiae* (spécimens de l'île de l'Amirauté), *M. p. alcorni* diffère comme suit : moyenne plus grande dans toutes les mesures prises ; couleur des parties supérieures plus grises et moins brunes, parties inférieures plus foncées.

Remarques. — *Microtus p. alcorni* est une sous-espèce bien définie qui diffère nettement des sous-espèces adjacentes par un crâne plus grand et plus lourd et des arcs zygomatiques plus larges, plus arrondis et plus lourds. Les caractères examinés dans les spécimens disponibles sont constants. Les spécimens de Haines sont légèrement plus foncés que ceux de Kluane. Un adulte (n° 21534, UKMNH) de Northway a des bulles auditives légèrement plus gonflées que celles de Kluane. Un adulte de Tyonek (n° 986, UKMNH) a les parties supérieures d'un brun plus riche. Les mesures de ce spécimen ressemblent beaucoup à celles des animaux de Kluane, bien que le rostre soit sensiblement plus lourd.

Plusieurs adultes étaient disponibles dans de nombreuses localités d'occurrence de *M. p. alcornes* . Dans la localité située à 9 milles à l'ouest et à 4 milles au nord de Haines, il y en avait quatre qui étaient considérés comme des personnes âgées. Ces quatre-là avaient des mensurations plus grandes que d'autres considérés comme des adultes à part entière. De plus, les crânes étaient plus grands et plus robustes. Il y avait parfois des personnes âgées dans d'autres séries. Par souci d'uniformité, je n'ai pas pris en compte ces personnes âgées susmentionnées dans les études comparatives portant sur les jeunes adultes. Cette sous-espèce est nommée en l'honneur de J(oseph). R(Aymond). Alcorn, le collectionneur.

Des mesures. — Mesures moyennes et extrêmes de six adultes des deux sexes de *M. p. les alcornes* de la localité type sont les suivantes : longueur totale, 162 (149-172) ; longueur de la queue, 43 (39-45) ; longueur condylobasale , 26,3 (25,6-26,3) ; longueur basale, 25,2 (24,2-25,9) ; longueur des nasales, 7,3 (6,9-7,5) ; largeur zygomatique, 15,3 (14,9-15,6) ; largeur des bulles auditives, 12,8 (12,4-13,2) ; longueur alvéolaire de la rangée de dents molariformes supérieures, 6,4 (6,1-6,7). Sept adultes des deux sexes provenant de 9 milles à l'ouest et de 4 milles au nord de Haines ont les mesures suivantes : 158 (148-165) ; 45 (41-50); 26,1 (25,5-26,8) ; 24,8 (24,4-25,7) ; 7,3 (7,0-7,6) ; 14,9 (14,3-15,1) ; 12,2 (11,8-13,0); 6.2 (5.9-6.3).

Spécimens examinés. —Total 65, répartis par localités de capture comme suit et déposés au Musée d'histoire naturelle de l'Université du Kansas : *Alaska* : côté E du lac Deadman, 1 800 pieds, 15 mi. SE Northway, 7 ; 1 mille. NE Anchorage, 100 pieds, 1 ; Tyonek, Cook's Inlet, 1 ; Côté E de la rivière Chilkat , 100 pieds, 9 mi. W et 4 mi. N Haines, 37. *Territoire du Yukon* : 6 mi. SW Kluane, 2 250 pieds, 14 ; Extrémité SW du lac Dezadeash , 2; 1½ milles. S et 3 mi. E Dalton Post, 2 500 pieds, 3. Les spécimens signalés par Osgood (1904 : 35) n'ont pas été vus par moi mais peuvent appartenir à cette sous-espèce et y sont provisoirement référés. Ceux-ci proviennent des localités suivantes de l'Alaska : le lac Clark près de Keejik , près de l'embouchure de la rivière Chulitna , et la rivière Kakhtul près de la jonction avec la Malchatna .

Microtus pennsylvanicus tananaensis nouvelle sous-espèce

Taper. — Femelle, adulte, peau avec crâne, n° 21509, Univ. Kansas, Mus. Nat. Hist., Yerrick Creek, 21 mi. W et 4 mi. Jonction N Tok, Alaska ; 20 juillet 1947 ; obtenu par JR Alcorn ; original n° 5023.

Gamme. — Centre-est de l'Alaska jusqu'au sud jusqu'à Tok Junction, à l'ouest jusqu'au mont. McKinley, au nord jusqu'à Fairbanks et à l'est jusqu'à Eagle.

Diagnostic. —Taille moyenne (voir <u>mesures</u>) ; couleur des parties supérieures foncée, proche du (*n*) brun de Prout , avec quelques variations individuelles ; crâne avec arcs zygomatiques moyennement lourds et larges ; nasales relativement longues; bulles auditives gonflées.

Comparaisons. — De *M. p. alcorni* (voir <u>description</u>), *M. p. tananaensis* diffère comme suit : Plus petit dans toutes les mesures prises, sauf la longueur alvéolaire de la rangée de dents molariformes supérieures qui est la même ; couleur des parties supérieures plus foncée, plus richement brune et moins grise ; parties inférieures plus foncées; arcs zygomatiques moins massifs et plus étroits ; bulles auditives plus grosses et plus gonflées.

De *M. p. drummondii* (voir <u>comparaisons</u> sous *M. p. alcorni*), *M. p. tananaensis* diffère comme suit : Plus grand dans toutes les mesures crâniennes prises, sauf la longueur nasale qui est la même ; couleur partout légèrement plus foncée; plus large sur les arcs zygomatiques ; zygoma plus épais; nasales, par rapport à la longueur du crâne, plus courtes ; bulles auditives plus grosses et plus gonflées.

Remarques. — Pour l'essentiel, le matériel disponible pour cette sous-espèce était constitué de subadultes ; cependant, la comparaison des adultes avec ceux des sous-espèces adjacentes indique que cette sous-espèce peut être distinguée par la couleur des parties supérieures, les mesures crâniennes et la taille des arcs zygomatiques et des bulles auditives. Les spécimens provenant de 14 milles à l'est et de 25 milles au nord de Fairbanks sont particulièrement sombres. Un subadulte (n° 21467, UKMNH) a des poils noirâtres sur les pattes et une queue unicolore noirâtre. N° 241696, USBS, une vieille femelle adulte, de Ketchumstock , est plus grande.

Les spécimens appartenant à cette sous-espèce varient en couleur, mais varient moins en caractères crâniens. Des adultes supplémentaires sont nécessaires dans l'ouest de l'Alaska pour déterminer jusqu'où cette sous-espèce s'étend dans la vallée du fleuve Yukon. Bailey (1900 : 24) énumère un spécimen de Nulato, sous le nom de *drummondii* ; Je ne l'ai pas vu mais, pour des raisons géographiques, je l'attribue provisoirement à *M. p. tananaensis* .

Des mesures. — Les mesures de l'échantillon type sont les suivantes : Longueur totale, 160 ; longueur de la queue, 40 ; longueur condylobasale , 26,0 ; longueur basale, 24,9 ; longueur des nasales, 6,7 ; largeur zygomatique, 14,5 ; largeur des bulles auditives, 12,5 ; longueur alvéolaire de la rangée de dents molariformes supérieures, 6.2. Deux spécimens d'Eagle (Nos 128295 et 128320, USBS) ont respectivement les mesures suivantes : 161, 154 ; 37,5, 36 ; 25.3, 25.4 ; 23,8, 23,9 ; 6,5, 6,8 ; 14,5, 14,6 ; 11.9, 12.3 ; 6.1, 6.1.

Spécimens examinés. — Total 34, répartis par localités de capture comme suit et sauf indication contraire dans le Musée d'histoire naturelle de l'Université du Kansas : *Alaska* : près de Buster Creek, rivière Chatanika, 1 (USBS) ; Rivière Chatanika, 700 pieds, 14 mi. E et 25 km. N Fairbanks, 4 ans ; Fairbanks, 2 (USBS); tête de Glacier Creek, mont. McKinley, 1 (USBS) ; Moose Creek, mont McKinley, 2 (USBS); tête de la rivière Toklat, 1 (USBS); Aigle, 4 (USBS) ; Ruisseau Yerrick , à 21 mi. W et 4 mi. Jonction N Tok, 13 ; Ketchumstock , 2 (USBS); 9 milles. de l'embouchure de la rivière Robertson, 1 (USBS); Tanana, 3 (USBS) ; Traversée de Tanana, 1 (USBS). Osgood (1909b : 24) enregistre des spécimens qui pourraient appartenir à cette sous-espèce dans les localités suivantes de l'Alaska : Charlie Creek, Circle, 20 milles au-dessus de Circle, 40 milles au-dessus de Circle, Nation Creek et Seventy Mile Creek. Osgood (1900 : 36) signale également des spécimens provenant des environs de Fort Yukon. Je n'ai vu aucun de ces éléments ; ils ne sont que provisoirement attribués à cette sous-espèce.

Microtus pennsylvanicus drummondii (Audubon et Bachman)

Arvicola drummondii Audubon et Bachman, Quadr . North Amer., 3:166, 1854. (Type, par désignation ultérieure, provenant des environs de Jasper House, Alberta.)

Microtus pennsylvanicus drummondii Hollister, Alpes canadiennes. Jour., numéro spécial, p. 23, 17 février 1913.

Spécimens examinés. —Total 93, comme suit : *Territoire du Yukon* : McIntyre Creek, 2250 pieds, 3 mi. Nord-Ouest de Whitehorse, 26 ; Côté ouest de la rivière Lewes, 2150 pieds, 2 mi. S Whitehorse, 4 ans; 5 milles. Rivière Teslin ouest, 2 400 pieds, 16 mi. S et 53 milles. E Whitehorse, 7 ans; Côté E de la rivière Teslin, 2 300 pieds, 16 milles. S et 59 milles. E Whitehorse, 1. *Colombie-Britannique* : 1 mi. Jct. NO. Ruisseau Irons et rivière Liard, 8 ; Sources chaudes, à 3 km. WNW jct. rivières Trout et rivière Liard, 3 ; Côté N de la rivière Liard, ½ mi. W jct. rivière Liard et rivière Trout, 1 ; ¼ de mille. S jct. rivières Trout et rivière Liard, 13 ; Côté S de la rivière Toad, à 16 km. S et 21 mi. E Lac Muncho , 2 ; Summit Pass, 4200 pieds, 10 mi. S et 70 milles. W Fort Nelson, 2 ; Côté E de la rivière Minaker, à 1 mi. W Trutch , 19 ans ;

Rivière Beatton , à 185 km. S Fort Nelson, 1 ; 5 milles. W et 3 mi. N Fort St. John, 2. *Alberta* : rivière Assineau , 1920 pieds, 10 mi. E et 1 mi. N Kinuso , 4.

Remarques. — Les adultes parmi les spécimens énumérés ci-dessus varient mais peu ; une femelle de la rivière Assineau en Alberta est nettement plus rougeâtre que les autres capturées ailleurs.

Mesures moyennes et extrêmes de neuf adultes des deux sexes de *M. p. drummondii* du côté E de la rivière Minaker, 1 mi. W Trutch , Colombie-Britannique, sont les suivants : longueur totale, 157 (148-165); longueur de la queue, 42 (37-46) ; longueur condylobasale , 25,1 (24,7-26,0) ; longueur basale, 24,2 (23,4-25,0) ; longueur des nasaux, 6,8 (6,4-7,2) ; largeur zygomatique, 14,4 (13,9-14,7) ; largeur des bulles auditives, 12,4 (12,0-12,7) ; longueur alvéolaire de la rangée de dents molariformes supérieures, 6,1 (6,0-6,2) ; Neuf adultes des deux sexes du ruisseau McIntyre, à 2 250 pieds, à 3 milles au nord-ouest de Whitehorse, dans le territoire du Yukon, ont les mesures suivantes : 153 (147-168) ; 40 (33-47) ; 24,9 (24,2-25,5) ; 24,0 (23,6-24,6) ; 6,6 (6,2-7,2) ; 14,4 (13,9-15,1) ; 12,1 (11,7-12,5) ; 6,1 (6,0-6,2).

Microtus *cf* cantateur Anderson

Souris chantante du Yukon

Cantateur de Microtus Anderson, Nat. Mus. Canada, Taureau. N° 102, Biol. Ser. No. 31 : 161, [pour 1946], 24 janvier 1947. (Type « prise dans un glissement de toundra au-dessus de la limite forestière au sommet d'une montagne près du lac Tepee, sur le versant nord de la chaîne St. Elias », territoire du Yukon, Canada.)

Spécimen examiné. — Un d' *Alaska* : Fish Creek, 3400 pieds, 5 mi. N et 1 mi. E Paxson.

Remarques. — Le mâle adulte unique, obtenu par Alcorn, a été comparé par le Dr Henry W. Setzer avec des spécimens de *Microtus muriei* Nelson, *M. miurus miurus* Osgood et *M. m. Oréas* Osgood au Musée national des États-Unis. Il rapporte que le spécimen est le plus étroitement apparenté à *M. miurus* mais présente des caractères par lesquels il est, au moins, sous-spécifiquement distinct de ces deux formes de cette espèce. Trois spécimens de *M. andersoni* Rand et un de *M. cantator* Anderson, empruntés au Musée national du Canada, sont moins matures que le spécimen en question. Malgré cela, le mâle de Fish Creek est moins gris que *M. andersoni* et, comme le montrent les mesures du type, un mâle adulte (Rand, 1945 : 42), est plus grand avec une queue plus longue et un crâne plus court et plus étroit et est jugé être taxonomiquement séparable. *M. cantator* a été nommé à partir de deux spécimens ; le paratype (vu par moi) et apparemment le type sont trop jeunes pour montrer des caractères clairement sous-spécifiques. Le spécimen d'Alcorn est provisoirement référé à *M. cantator* jusqu'à ce que certains topotypes adultes puissent être obtenus. Les mesures du mâle, n° 21539, de Fish Creek, sont : longueur totale, 152 ; longueur de la queue, 30 ; patte arrière, 22 ; longueur condylobasale , 28,0 ; longueur basale, 26,6 ; longueur des nasales, 7,1 ; largeur zygomatique, 13,8 ; largeur des bulles auditives, 11,5 ; largeur interorbitale minimale, 3,3 ; longueur alvéolaire de la rangée de dents molariformes supérieures, 6.2.

Alcorn a pris ce spécimen dans une zone au-dessus de la limite forestière où une faible croissance de saules était la végétation dominante. Des pièges étaient installés là où il avait vu une souris entrer dans un petit terrier. Le lendemain matin, le 18 août 1947, il trouva ce spécimen ainsi que deux *Microtus oeconomus macfarlani* dans ses pièges.

Les microtines du sous-genre *Stenocranius* des zones continentales de l'Alaska et du nord-ouest du Canada sont représentées dans les collections par quelques spécimens provenant de localités très éloignées. Faute de matériel provenant de localités intermédiaires, les descripteurs ont accordé une reconnaissance spécifique à plusieurs de ces populations isolées. Des collectes futures seront nécessaires pour déterminer si les souris nord-américaines de ce sous-genre appartiennent à une ou à plusieurs espèces et pourraient révéler s'il y a eu ou non plus d'une invasion du continent nord-américain par des membres de ce groupe asiatique.

Microtus longicaudus vellerosus JA Allen

Souris des prés à longue queue

Microtus vellerosus JA Allen, Bull. Amer. Mus. Nat. Hist., 12:7, 4 mars 1899. (Type provenant du cours supérieur de la rivière Liard, Colombie-Britannique, Canada.)

Microtus longicaudus vellerosus Anderson et Rand, Canadian Field-Nat., 58:20, 1er avril 1944.

Spécimens examinés. —Total 127, comme suit : *Alaska* : côté nord de la rivière Salcha , 600 pieds, 25 milles. S et 20 milles. E Fairbanks, 1. *Territoire du Yukon* : 6 mi. SW Kluane, 2 550 pieds, 2; Ruisseau McIntyre, 2250 pieds, 3 mi. Nord-Ouest de Whitehorse, 10 ; ½ mille. W Whitehorse, 1 ; Extrémité SW du lac Dezadeash , 18 ; 1½ milles. S et 3 mi. E Dalton Post, 2500 pieds, 24. *Colombie-Britannique* : Stonehouse Creek, 5½ mi. W jct. Ruisseau Stonehouse et rivière Kelsall, 20 ; Sources chaudes, à 3 km. WNW jct. rivières Trout et rivière Liard, 4 ; ¼ de mille. S jct. rivières Trout et rivière Liard, 15 ;

Côté S de la rivière Toad, à 16 km. S et 21 mi. E Lac Muncho , 27 ; extrémité SE du lac Muncho , 4; Summit Pass, 4 500 pieds, 10 mi. S et 70 milles. W Fort Nelson, 1.

Remarques. — Les spécimens provenant de 1½ mille au sud et de 3 milles à l'est de Dalton Post et du lac Dezadeash dans le territoire du Yukon et de Stonehouse Creek en Colombie-Britannique sont appelés *M. l. vellerosus* , bien que la couleur des parties supérieures montre une relation étroite avec *M. l. littoralis* . Ces spécimens sont moins gris et plus bruns que les spécimens plus typiques de *M. l. vellerosus* de la région de la rivière Liard.

Alcorn a trouvé la souris des prés à longue queue dans des zones largement séparées. La plupart des spécimens ont été obtenus dans des situations herbeuses près de l'eau ou sur un sol humide. Le mâle célibataire de Summit Pass, en Colombie-Britannique, a été capturé au-dessus de la limite forestière.

Microtus longicaudus littoralis Swarth

Souris des prés à longue queue

Microtus mordax littoralis Swarth, Proc. Biol. Soc. Washington, 46:209, 26 octobre 1933. (Type tiré de Shakan , île du Prince-de-Galles, Alaska.)

Microtus longicaudus littoralis Goldman, Jour. Mamm ., 19:491, 14 novembre 1938.

Spécimens examinés. — Total 29, comme suit : *Alaska* : côté est de la rivière Chilkat , 100 pieds, 9 milles. W et 4 mi. N Haines, 9 ans ; 1 mille. S Haines, 5 pieds, 20.

Remarques. — En comparaison avec la série de *M. l. vellerosus* de la région de la rivière Liard, les souris des prés à longue queue de près de Haines sont plus brun rougeâtre, ont une queue plus longue et un crâne plus petit avec des bulles auditives plus petites. Cette sous-espèce est limitée à la zone côtière et, comme indiqué dans le récit de *M. l. vellerosus* , l'intergradation entre ces deux formes se produit sur une distance relativement courte à l'intérieur des terres.

Microtus oeconomus macfarlani Merriam

Souris de la toundra

Microtus macfarlani Merriam, Proc. Washington Acad. Sci., 2:24, 14 mars 1900. (Type de Fort Anderson, rivière Anderson, district de Mackenzie, Territoires du Nord-Ouest, Canada.)

Microtus oec [onomus] macfarlani Zimmerman, Archiv f. Naturgesch ., 11:187, 12 septembre 1942.

Spécimens examinés. —Total 70, comme suit : *Alaska* : Cercle, 664 pieds, 1 ; Rivière Chatanika, 700 pieds, 14 mi. E et 25 km. N Fairbanks, 13 ans ; Sommet de Douze Miles, 3225 pieds, Steese Highway, 6 ; 1 mille. SW Fairbanks, 440 pieds, 3 ; Côté N de la rivière Salcha , 600 pieds, 25 milles. S et 20 milles. E Fairbanks, 28 ans ; Ruisseau Yerrick , à 21 mi. W et 4 mi. Jonction N Tok, 9 ; Fish Creek, 3 400 pieds, 5 mi. N et 1 mi. E Paxson, 3 ans ; Autoroute Glenn, à 10 km. WSW Snowshoe Lake, 1. *Territoire du Yukon* : Jct. Ruisseaux Grafe et Edith, 1 ; 6 milles. SW Kluane, 2 550 pieds, 2; Extrémité SW du lac Dezadeash , 1. *Colombie-Britannique* : Stonehouse Creek, 5½ mi. W jct. Ruisseau Stonehouse et rivière Kelsall, 2.

Remarques. — Alcorn a trouvé la souris de la toundra dans de nombreuses localités où il a piégé dans le centre-est de l'Alaska. Des spécimens ont été capturés au-dessus de la limite forestière, le long des routes, dans des zones herbeuses débarrassées de leurs arbres et dans la végétation basse bordant des cours d'eau. Le 17 août à Fish Creek, à 5 miles au nord et 1 mile à l'est de Paxson, en Alaska, Alcorn a obtenu une de ces souris dans un arbre pendant la journée. Les spécimens immatures capturés au ruisseau Stonehouse sont, à ma connaissance, les premiers signalements de cette espèce en Colombie-Britannique.

Mus musculus Linné

Souris domestique

[Mus] musculus Linnaeus, Syst. Nat., éd. 10, 1:62, 1758. (Type d'Upsala, Suède.)

Spécimens examinés. — Total 6, comme suit : *Alaska* : 1 mi. NE Anchorage, 100 pieds, 2. *Territoire du Yukon* : McIntyre Creek, 2259 pieds, 3 mi. Nord-Ouest de Whitehorse, 2 ; 2 milles. NNW Whitehorse, 2100 pieds, 1. *Alberta* : rivière Assineau , 1920 pieds, 10 mi. E et 1 mi. N Kinuso , 1.

Remarques. — Alcorn a capturé des souris domestiques dans et à proximité des zones habitées par l'homme. Une souris a été capturée près de Whitehorse le 10 juillet sous un bâtiment qui n'avait pas été occupé depuis un an. Un autre a été pris à la décharge municipale de Whitehorse. Près de Kinuso , un spécimen a été obtenu sur le site d'une ancienne scierie.

Zapus Hudsonius Hudsonius (Zimmermann)

Souris sauteuse des prés

Dipus hudsonius Zimmermann, Geogr . Gesch ., 2:358, 1780. (Type de la baie d'Hudson, Canada.)

Zapus hudsonius Coues, Bull. Géol américain. et Geogr . Survivre . Terr., ser. 2, 1:253, 8 janvier 1876.

Spécimens examinés. — Total 8, comme suit : *Colombie-Britannique* : 1 mi. Jct. NO. Ruisseau Irons et rivière Liard, 3 ; Sources chaudes, à 3 km. WNW jct. rivières Trout et rivière Liard, 1 ; Côté E de la rivière Minaker, à 1 mi. W Trutch , 1 ; 5 milles. W et 3 mi. N Fort St. John, 1. *Alberta* : rivière Assineau , 1920 pieds, 10 mi. E et 1 mi. N Kinuso , 1.

Remarques. — Les souris sauteuses énumérées ci-dessus ont été comparées à des spécimens de *Z. h. hudsonius* de l'Ontario et du Michigan. La zone de contact entre *Z. h. hudsonius* et *Z. h. alascensis* est encore inconnu ; Alcorn n'a obtenu aucun spécimen entre Irons Creek et Whitehorse. À ma connaissance, il n'existe aucune trace de cette vaste zone.

Alcorn a emmené *Zapus* dans des zones herbeuses au bord de l'eau, dans une ancienne gravière et sur le site d'une ancienne scierie. Les animaux ont été capturés dès le 30 juin et au plus tard le 2 septembre.

Zapus Hudsonius alascensis Merriam

Souris sauteuse des prés

Zapus Hudsonius alascensis Merriam, Proc. Biol. Soc. Washington, 11:223, 15 juillet 1897. (Type de Yakutat Bay, Alaska.)

Spécimens examinés. — Total 18, comme suit : *Alaska* : 1 mi. SW Fairbanks, 440 pieds, 1 ; Côté E de la rivière Chilkat , 100 pieds, 9 mi. W et 4 mi. N Haines, 8. *Territoire du Yukon* : McIntyre Creek, 2250 pieds, 3 mi. Nord-Ouest de Whitehorse, 4 ; Extrémité SW du lac Dezadeash , 1. *Colombie-Britannique* : Stonehouse Creek, 5½ mi. W jct. Ruisseau Stonehouse et rivière Kelsall, 4.

Remarques. — Les spécimens capturés par Alcorn ont été comparés à des représentants de *Z. princeps* (Wyoming, Idaho, Oregon) et de *Z. hudsonius* (Ontario, Michigan, Kansas, Wyoming). Tous ont été référés à *Z. hudsonius,* bien qu'une femelle de Stonehouse Creek montre une certaine tendance vers

Z. princeps dans les mesures externes, la longueur de la rangée de dents molariformes supérieures et la longueur des foramens incisifs.

Éréthizon dorsum myops Merriam

Porc-épic

Éréthizon épixanthus myops Merriam, Proc. Washington Acad. Sci., 2:27, 14 mars 1900. (Type de Portage Bay, péninsule d'Alaska, Alaska.)

Éréthizon dorsum myops Anderson et Rand, Canadian Jour. Rés., 21:293, 24 septembre 1943.

Spécimens examinés. — Total 2, comme suit : *Alaska* : Yerrick Creek, 21 mi. W et 4 mi. N Tok Junction, 1. *Territoire du Yukon* : 2 mi. Rivière Teslin ouest, 2 400 pieds, 16 mi. S et 56 milles. E Whitehorse, 1.

Remarques. — Alcorn a trouvé peu de traces de porcs-épics le long de l'autoroute. La femelle de la rivière Teslin a été retrouvée sous un bâtiment. La femelle du ruisseau Yerrick se trouvait dans les sous-bois denses d'une forêt d'épinettes et pesait 20 livres.

Canis latrans incolatus Hall

Coyote

Canis latrans incolatus Hall, Univ. Édition californienne. Zool., 40:369, 5 novembre 1934. (Type provenant du lac Isaacs, 3 000 pieds, région du lac Bowron , Colombie-Britannique, Canada.)

Spécimens examinés. — Total 2, comme suit : *Territoire du Yukon* : 25 mi. NW Whitehorse, 1. *Colombie-Britannique* : rivière Buckinghorse , 94 mi. S Fort Nelson, 1.

Canis lupus pambasileus Elliot

Loup

Canis pambasileus Elliot, Proc. Biol. Soc. Washington, 18 h 79, 21 février 1905. (Type de la rivière Susitna, région du mont McKinley, Alaska.)

Canis lupus pambasileus Goldman, Jour. Mamm ., 18h45, 14 février 1937.

Spécimens examinés. — Total 3, comme suit : *Territoire du Yukon* : côté est de la rivière Aishihik , 17 mi. N Canyon, 1 ; Extrémité SW du lac Dezadeash , 1; Ruisseau Marshall, à 3 mi. Au nord de la rivière Dezadeash , 1.

Remarques. — Alcorn a signalé un panneau de loup dans plusieurs de ses camps le long de l'autoroute. Les crânes ont été obtenus auprès de trappeurs.

Canis lupus occidentalis Richardson

Loup

Canis lupus occidentalis Richardson, Fauna Boreali - Americana, 1:60, 1829. (Type non désigné, limité à Fort Simpson, Mackenzie, Canada, par Miller, Smithson. Misc. Coll., 59 (no. 15):4, juin 8, 1912.)

Spécimens examinés. — Deux de *la Colombie-Britannique* : Buckinghorse River, 94 mi. S Fort Nelson.

Canis lupus columbianus Goldman

Loup

Canis lupus columbianus Goldman, Proc. Biol. Soc. Washington, 54:110, 30 septembre 1941. (Type provenant de Wistaria, côté nord du lac Ootsa , district côtier, Colombie-Britannique, Canada.)

Spécimens examinés. — Un de *la Colombie-Britannique* : Screw Creek, 10 mi. S et 50 milles. E. Teslin.

Vulpes fulva abietorum Merriam

Renard rouge

Vulpes alascensis abietorum Merriam, Proc. Washington Acad. Sci., 2:669, 28 décembre 1900. (Type de Stuart Lake, Colombie-Britannique, Canada.)

Vulpes fulva abietorum Bailey, Nature Mag., 28 : 317, novembre 1936.

Spécimens examinés. — Total 11, comme suit : *Territoire du Yukon* : 6 mi. SW Kluane, 2559 pieds, 1; Ruisseau Marshall, à 3 mi. Rivière N Dezadeash , 6 ; Champagne, côté N de la rivière Dezadeash , 3 ; 1½ milles. E Rivière Tatshenshini , 1½ mi. S et 3 mi. E. Dalton Post, 1.

Remarques. — Les spécimens obtenus sont uniquement des crânes, capturés pour la plupart pendant les mois d'hiver par les trappeurs. Un renard a été retrouvé mort avec des piquants de porc- épic coincés dans et autour de sa bouche.

Ursus americanus cinnamomum Audubon et Bachman

Ours noir

Ursus americanus var. cinnamomum Audubon et Bachman, Quadr . Amérique du Nord, 3 ; 125, 1854. (Type des montagnes Rocheuses du Nord.)

Spécimens examinés. — Total 3, comme suit : *Colombie-Britannique* : 10 mi. W Fort Nelson, 1 ; Rivière Buckinghorse , 94 mi. S Fort Nelson, 2.

Remarques. — Un grand crâne non sexé provenant de la rivière Buckinghorse , dont une partie de la tribune a disparu, et dont le bouclier frontal est fortement bombé. Une jeune femelle adulte prise à 10 milles à l'ouest de Fort Nelson le 23 août 1948 présente les mesures externes suivantes : longueur totale, 1 345 ; queue, 65 ; patte arrière, 256 ; oreille de l'encoche, 135.

Espèce d'Ursus

Grizzly

Spécimens examinés. — Total 5, comme suit : *Territoire du Yukon* : côté est de la rivière Aishihik , 17 mi. N Canyon, 1 ; Rivière Unahini , à 8 km. N et 1 mi. E. Dalton Post, 1 ; Rivière Unahini , à 3 km. N et 1 mi. E Dalton Post, 2. *Colombie-Britannique* : rivière Buckinghorse , 94 mi. S Fort Nelson, 1.

Remarques. — Sur trois spécimens obtenus à la rivière Unahini , deux mâles se ressemblent beaucoup, tandis que le troisième, un vieil adulte représenté par un crâne non sexé avec un crâne cassé, est nettement différent, le crâne étant sensiblement plus court avec une tribune et une mâchoire inférieure plus courtes et d'autres caractéristiques distinctives. Il ressemble beaucoup au crâne d'un mâle adulte pris dans la rivière Aishihik . De plus, les deux premiers animaux présentent des relations étroites avec un crâne non sexé qu'Alcorn a obtenu dans la rivière Buckinghorse en Colombie-Britannique.

Deux mâles capturés dans la rivière Unahini , dans le territoire du Yukon, présentent les mesures externes suivantes : longueur totale, 1933, 1812 ; queue, 150, 96 ; patte arrière, 262, 260 ; oreille de l'encoche, 129, 131. D'autres spécimens, des crânes uniquement, obtenus auprès de chasseurs indigènes, sont en partie brisés. Alcorn écrit que les chasseurs locaux tirent toujours dans la tête d'un grizzly pour être sûrs qu'il est mort.

Mustela erminea arctica (Merriam)

Hermine

Putorius arcticus Merriam, N. Amer. Faune, 11 h 15, 30 juin 1896. (Type de Point Barrow, Alaska.)

Mustela erminea arctique Ognev , Les mammifères de l'URSS et des pays limitrophes, 3:31, 1935.

Spécimens examinés. — Quatre de *l'Alaska* : côté nord de la rivière Salcha , 600 pieds, 25 milles. S et 20 milles. E Fairbanks.

Remarques. — Une hermine a été prise dans un piège à rats ; les autres ont été emmenés à moins de 50 mètres de l'animal piégé en les attirant avec des cris grinçants à portée de tir. L'une des belettes s'est approchée à moins de dix pieds d'Alcorn, alors qu'il faisait l'appel mentionné.

Mustela erminea richardsonii Bonaparte

Hermine

Mustela richardsonii Bonaparte, Charlesworth's Mag. Nat. Hist., 2:38, janvier 1838. (Type provenant de Fort Franklin, à l'extrémité ouest du Grand Lac de l'Ours, district de Mackenzie, Territoires du Nord-Ouest, Canada.)

Mustela erminea richardsonii Hall, Jour. Mamm ., 26:180, 19 juillet 1945.

Spécimens examinés. — Un du *Territoire du Yukon* : McIntyre Creek, 2250 pieds, 3 mi. Nord-Ouest de Whitehorse.

Mustela erminea alascensis (Merriam)

Hermine

Putorius richardsonii alascensis Merriam, N. Amer. Faune, 11 h 12, 30 juin 1896. (Type de Juneau, Alaska.)

Mustela erminea alascensis Hall, Jour. Mamm ., 26:180, 19 juillet 1945.

Spécimens examinés. — Un de *l'Alaska* : côté est de la rivière Chilkat , 100 pieds, 9 milles. W et 4 mi. N Haines.

Mustela vison energumenos (Frange)

Vison

Putorius vison energumenos Bangs, Proc. Société de Boston. Nat. Hist., 27:5, mars 1896. (Type de Sumas, Colombie-Britannique, Canada.)

Mustela vison energumenos Miller, Amérique du Nord. Terre Mamm . 1911, p. 101, 31 décembre 1912.

Spécimen examiné. — Un (crâne cassé et non sexé) du *Territoire du Yukon* : Champagne, côté N de la rivière Dezadeash .

Remarques. — Alors qu'il étudiait l'orignal à Medicine Lake, près de Circle Hot Springs, en Alaska, le 9 août 1947, Alcorn observa un vison à propos duquel il rapporta ce qui suit : « Après avoir attendu environ une heure, un gros vison fut aperçu voyageant vers le nord sur terre au bord du lac. Il a continué et a disparu de la vue. J'ai attendu environ deux minutes, puis j'ai commencé une série de grincements forts. À notre grande surprise, nous avons bientôt vu ce que nous avons jugé être le même vison. En compagnie de ce vison se trouvaient cinq autres. .. Ces visons étaient très intéressés par le bruit des grincements et certains s'approchaient à moins de 10 pieds de moi. Ils restaient sur terre la plupart du temps mais certains d'entre eux faisaient de courtes nages à quelques pieds dans le lac. L'un avait le menton blanc, l' autre avait une tache blanche sur la poitrine. Ce groupe était peut-être une femelle adulte avec ses petits.

Martes pennanti columbiana Goldman

Pêcheur

Martes pennanti columbiana Goldman, Proc. Biol. Soc. Washington, 48 : 176, 15 novembre 1935. (Type tiré du lac Stuart, près du cours supérieur du fleuve Fraser, Colombie-Britannique, Canada.)

Spécimens examinés. — Total 2, comme suit : *Colombie-Britannique* : 14 mi. N Fort Halkett , côté ouest de la rivière Smith, 1 ; Côté nord de la rivière Liard, Fort Halkett , 1.

Martes americana actuosa (Osgood)

Martre

Mustela americana actuosa Osgood, N. Amer. Faune, 19 : 43, 6 octobre 1900. (Type de Fort Yukon, Alaska.)

Martes americana actuosa Miller, N. Amer. Terre Mamm . 1911, p. 93, 31 décembre 1912.

Spécimen examiné. — Un de *la Colombie-Britannique* : côté N de la rivière Liard, Fort Halkett , 1.

Lynx du Canada

Lynx du Canada

Lynx du Canada Kerr, Anim. Kingd ., vol. 1, catalogue systématique inséré entre les pages 32 et 33 (description, p. 157), 1792. (Type de l'Est du Canada.)

Spécimens examinés. — Total 4, comme suit : *Territoire du Yukon* : Marshall Creek, 3 mi. N Dezadeash River, 1. *Colombie-Britannique* : 14 mi. N Fort Halkett , côté ouest de la rivière Smith, 2 ; Rivière Buckinghorse , 94 mi. S Fort Nelson, 1.

Alces americana gigas Miller

Élan

Alces gigas Miller, Proc. Biol. Soc. Washington, 13 h 57, 29 mai 1899. (Type du côté nord du lac Tustumena, péninsule de Kenai, Alaska.)

Alces americanus gigas Osgood, N. Amer. Faune, 24h29, 23 novembre 1904.

Spécimens examinés. — Un de *la Colombie-Britannique* : 15 mi. Nord-ouest du lac Kelsall.

Oreamnos americanus columbiae Hollister

Chèvre de montagne

Oréamnos montanus columbianus JA Allen, Bull. Amer. Mus. Nat. Hist., 20h20, 10 février 1904. Pas *Capra columbiana* Desmilins , 1823.

Oreamnos americanus columbiae Hollister, Proc. Biol. Soc. Washington, 25:186, 24 décembre 1912. (Type provenant des monts Shesley , nord de la Colombie-Britannique, Canada.)

Spécimens examinés. — Deux de *la Colombie-Britannique* : 12 mi. S jct. Rivière Liard et rivière Trout.

Remarques. — Deux crânes de boucs mâles ont été obtenus auprès d'un trappeur, Johnny Pie, qui les a abattus le 4 juillet 1948. Les notes de terrain indiquent que les chèvres de montagne et les mouflons de montagne sont fréquemment capturés par les autochtones de la région de la rivière Liard.

Ovis dalli stonei Allen

Mouflon des montagnes du Nord

Ovis stonei Allen, Bull. Amer. Mus. Nat. Hist., 9 : 111, 8 avril 1897. (Type provenant du cours supérieur de la rivière Stikine, Colombie-Britannique, Canada.)

Ovis dalli stonei Allen, Bull. Amer. Mus. Nat. Hist., 31:28, 4 mars 1912.

Spécimen examiné. — Un de *la Colombie-Britannique* : Summit Pass, 4200 pieds, 10 milles. S et 70 milles. W Fort Nelson.

Remarques. — Le spécimen a les mesures externes suivantes : Longueur totale, 1474 ; queue, 84 ; longueur du pied postérieur, 400 ; oreille à partir de l'encoche, 91. L'individu est un mâle âgé de sept ans, à en juger par les anneaux de croissance sur les cornes. Le crâne est accompagné d'une peau désormais tannée à des fins d'étude.